NOTICE

SUR

LES RECHERCHES CHIMIQUES,

PUBLIÉES

PAR J. PELLETIER,

PROFESSEUR A L'ÉCOLE DE PHARMACIE, MEMBRE DE L'ACADÉMIE
ROYALE DE MÉDECINE, ETC,

CHEVALIER DE LA LÉGION D'HONNEUR.

1829.

NOTICE

SUR

LES RECHERCHES CHIMIQUES,

PUBLIÉES

Par J. PELLETIER,

PROFESSEUR A L'ÉCOLE DE PHARMACIE, MEMBRE DE L'ACADÉMIE
ROYALE DE MÉDECINE, ETC.,

CHEVALIER DE LA LÉGION D'HONNEUR.

Journal de Pharmacie, 1811—1812.

1°. « *Série d'analyses de différentes gommes-résines.* » — Ces recherches ont fait connaître la vraie
nature de beaucoup de gommes-résines dont plusieurs
sont bien plus compliquées qu'on ne le pensait alors.

Journal de Pharmacie, 1813.

2°. *Examen de quelques combinaisons de l'acide
gallique avec les substances végétales.* — Les recherches consignées dans ce mémoire ont confirmé l'opinion, alors particulière à M. Chevreul, que le Tannin
était une combinaison d'acide et de diverses matières
végétales.

Journal de Pharmacie, 1813.

3°. *Analyse de la Sarcocolle.* — Confirmation de
l'opinion de Thomson sur un nouveau principe immé-

diat des végétaux, et recherches sur les propriétés de cette substance.

4°. *Examen chimique de quelques substances colorantes de nature résineuse.* (Mémoire présenté à l'Institut le 20 juin 1814.) — Ce mémoire, le premier que je présentais à l'Académie, m'a valu des encouragemens qui m'ont ouvert la carrière de l'analyse végétale.

Journal de Pharmacie, 1815.

5°. *Examen chimique du Curcuma et de sa matière colorante.*

6°. *Examen chimique de la gomme d'olivier.* (Mémoire lu à la Société Philomatique.) — Découverte dans la gomme d'olivier d'un nouveau principe immédiat des végétaux, l'olivile.

7°. *Mémoire sur un nouvel acide, l'acide cholestérique et ses combinaisons.* (Lu à la Société Philomatique·) — Recherches sur la formation, les propriétés et la capacité de cet acide ; examen de plusieurs de ses combinaisons avec les bases salifiables.

Annales de physique et de chimie, TOM. IV.

8°. *Recherches chimiques et physiologiques sur l'Ipécacuanha.* (Mémoire lu à l'Académie des Sciences, par MM. Magendie et Pelletier.) — Dans ce mémoire l'on présente l'analyse des principales espèces d'Ipécacuanha employées en médecine. On signale dans les vrais Ipécacuanhas un principe immédiat des végétaux auquel seul l'Ipécacuanha doit sa propriété vomitive et son action sur l'économie animale lorsqu'à plus forte dose il agit comme poison. Dans ce mémoire je décris les propriétés chimiques les plus remarquables de *l'émétine.* Cependant ce n'est que plusieurs années après que j'ai démontré que l'émétine à l'état de pureté parfaite était blanche, insoluble, azotée et jouissait des propriétés caractéristiques des bases salifiables organiques.

Annales de physique et de chimie, TOM. IX.

9°. *Notice sur la matière verte des feuilles.* —La matière verte des feuilles, qui se rencontre si fréquemment dans les analyses végétales, n'était pas bien connue dans sa nature : selon les uns c'était une résine, selon les autres une matière féculante. Dans ce mémoire, elle est examinée d'une manière particulière et reconnue comme principe immédiat des végétaux sous le nom de Chlorophylle.

Annales de Chimie, TOM. VIII.

10°. *Examen chimique de la cochenille et de sa matière colorante.* (Mémoire lu à l'Académie des Sciences le 20 avril 1815, par MM. Pelletier et Caventou. — Ce mémoire assez étendu est divisé en deux parties : la première comprend l'analyse proprement dite de la cochenille et la description d'un principe immédiat organique qui constitue sa partie colorante, *la carmine.* On relate dans cette première partie l'action des principaux agens chimiques sur cette substance. Dans la deuxième partie du mémoire on passe à l'application des recherches précédentes. Les auteurs s'occupent de l'emploi de la cochenille dans les arts, et donnent successivement la théorie de la fabrication du carmin des laques carminées, et celle de la teinture en écarlate et en cramoisie.

(1818).

11°. *Essai analytique sur la graine de médicinier*

(4)

cahartique (mémoire lu à la Société Philomatique,
par MM. Pelletier et Carventou.) — Dans ce mémoire on établit que les propriétés drastiques que
possède ce fruit, et surtout son huile, sont dues à un
acide volatil particulier.

(*Annales de Physique et de Chimie*, TOM. X.)

12°. *Mémoire sur un nouvel alcali, la strychnine,
trouvé dans la fève St.-Ignace, la noix vomique, etc.*
(Mémoire lu à l'Institut le 14 septembre 1818,
par MM. Pelletier et Caventou.) — En analysant
plusieurs végétaux actifs d'une même famille, d'une
famille dont presque toutes les espèces sont vénéneuses
et ont une action spéciale sur l'économie animale, nous
avions pour but de constater si l'analogie de propriétés
médicales et physiologiques entraînait l'analogie de
propriétés chimiques ; et si la propriété caractéristi-
que d'une série de végétaux de même famille était
due à un principe commun à toutes les espèces douées
de cette propriété ; nous avons résolu ce problème par
l'affirmative pour la famille des strychnnées par la découverte de la strychnine.

La strychnine a présenté le second exemple d'une
substance végétale faisant fonction de base salifiable.

Dans ce mémoire nous donnons le détail de l'analyse des strychnnées, les caractères chimiques de la
strychnine ; nous décrivons les combinaisons salines
qu'elle forme avec les principaux acides, nous déterminons sa capacité de saturation ; et enfin, dans la
deuxième partie de ce mémoire, nous traitons de l'action de la strychnine sur l'économie animale : nous
faisons voir que la strychnine est, après l'acide hydro-

(5)

cyanique, le poison le plus énergique, et qu'il agit
en déterminant un affreux tétanos.

(*Annales de Chimie*, TOM. XII.)

13°. *Mémoire sur une nouvelle base salifiable organique de brucine.* (Lu à l'Académie des sciences, par
MM. Pelletier et Caventou.) — Dans ce mémoire nous
décrivons une nouvelle base salifiable que nous avons
découverte en faisant l'analyse de la fausse angusture.
Après en avoir décrit les caractères, et examiné les
combinaisons salines, nous déterminons sa capacité de
saturation par rapport à la morphine et à la strychnine, par l'analyse comparée de plusieurs sels de ces
différentes bases.

14°. *Examen chimique du Lichen qui croît sur la
fausse-angusture,* chiodecton nova species. — Ce lichen contient une matière colorante d'une nature particulière, et dont l'examen fait l'objet de cette notice.

(*Annales de Chimie*, TOM. XIV.)

15°. *Analyses de plusieurs végétaux de la famille des
Colchicées, et du principe actif qu'ils renferment.*
(Mémoire lu à l'Académie des Sciences, par MM. Pelletier et Caventou.) — L'action énergique des plantes de
la famille des Colchicées, sur l'économie animale, nous
avait fait aussi présumer qu'elles devaient renfermer
un principe actif commun; l'analyse de trois espèces
de cette famille nous a en effet présenté ce principe
que nous avons obtenu blanc et pur. C'est une matière
d'une âcreté extrême, violemment émétique et purga-
tive, qui, à la dose de quelques grains, peut causer la
mort. La *vératrine* est une base salifiable susceptible,
en s'unissant aux acides, de former des sels : nous

avons déterminé la composition de son sulfate. Les analyses présentées dans ce mémoire offrent quelqu'intérêt, sous le rapport des méthodes employées. Entre autres produits nous avons obtenu un acide concret blanc volatil, se sublimant en aiguille : cet acide doit être placé à côté de l'acide delphinique de M. Chevreul.

(Annales de Chimie, TOM. XV.)

16°. *Recherches chimiques sur les quinquinas.* (Mémoire lu à l'Académie des Sciences, par MM. Pelletier et Caventou.) — Malgré le grand nombre de travaux entrepris sur les quinquinas, même par des chimistes célèbres, il restait encore à obtenir le principe actif de ces écorces ; nous ne pouvions nous persuader que l'action de ce médicament sur l'économie animale, et les propriétés toutes spéciales de ce végétal fussent dues à la seule réunion de principes déjà connus, et dont aucun ne présentait rien d'analogue. Tout nous portait à croire que le quinquina devait receler un principe particulier qui avait jusqu'alors échappé à l'investigation des chimistes. Le docteur Duncan avait, il est vrai, entrevu un principe cristallin dans le quinquina, mais les travaux subséquens des chimistes, et même ceux de M. Vauquelin, n'en faisaient plus mention. Nous avons retrouvé et mieux caractérisé cette matière le cinchonin ; mais elle n'existe pas, ou du moins elle ne se trouve que pour un demi-millième dans le quinquina jaune qui est le plus fébrifuge : ce n'était pas là le vrai principe actif du quinquina, et nos longues recherches sur ce sujet nous ont fait trouver la *quinine.* Dans le mémoire qui nous occupe, nous présentons dans tous ses détails une nouvelle analyse du quinquina ; nous faisons connaître tous les principes que renferme cette écorce ; nous donnons plusieurs procédés pour obtenir la quinine ; nous décrivons les propriétés chimiques de cette substance, nous étudions ses combinaisons avec les acides, et nous présentons l'analyse de plusieurs de ses sels ; nous indiquons sa capacité pour les acides, et nous calculons le poids de son atome.

Il ne nous appartient pas de nous arrêter sur les services que nous avons rendus à l'art de guérir par la découverte de la quinine. L'Académie les a appréciés en nous accordant un grand prix Monthion. Nous ne voulons présenter ici ce travail que sous le point de vue chimique.

(*Annales de Chimie*, TOM. XV.)

17°. *Faits pour servir à l'histoire de l'Or.* (Mémoire lu à l'Académie des Sciences, par Pelletier.) — Malgré les nombreux travaux entrepris sur l'or depuis l'origine de la chimie, il restait encore beaucoup de points obscurs sur l'histoire de ce métal, j'ai entrepris d'en éclairer plusieurs. Dans ce mémoire j'ai démontré, par un grand nombre de faits,

1°. Que l'or doit être considéré comme un métal électro-négatif, c'est-à-dire, comme donnant lieu à des oxides qui ont plus de tendance à faire fonctions d'acides que fonctions de bases ;

2°.. Que les oxides d'or ne peuvent former avec les acides de véritables combinaisons salines, et que les prétendus sulfate, nitrate, et autres sels d'or, n'existent pas ;

3°. Que les hydrochlorates ne font pas exception et doivent être considérés comme des chlorures : j'apporte des expériences à l'appui de cette opinion qui alors n'était pas généralement admise ;

4° Que les sels triples d'or ne sont que des combinaisons de ces chlorures ;

5°. Que l'oxide d'or peut se combiner avec les alcalis et les terres alcalines ; que ces combinaisons sont incolores ;

6°. Dans le même mémoire je fais connaître l'iodure d'or, et j'en présente la composition ; j'examine l'action des acides végétaux sur l'oxide et les chlorures d'or.

Ce mémoire a fixé l'attention de M. Berzelius, qui, dans le tome XVIII, page 151, des *Annales de Physique et de Chimie*, le qualifie d'excellent travail.

(Annales de Chimie, TOM. XVI.)

18°. *Analyse du poivre noir*. (Mémoire lu à l'académie royale de médecine, par Pelletier.) — Dans ce travail je donne l'analyse assez complexe du poivre noir ; je décris les propriétés d'une matière nouvelle, le piperin, matière que M. Oerstaed avait prise pour une base salifiable ; je démontre qu'elle ne fait pas partie des substances qui composent cette classe de corps, je fais connaître ses propriétés.

(Journal de Pharmacie.)

19°. *Analyse de l'ambre gris*. — J'indique la composition chimique de cette matière. Sa base est une substance que je compare à la cholesterine ; mais les différences que je signale entre elle et la cholesterine ne permettent pas de les confondre. Je la nomme ambréeine.

(Nouveau Dictionnaire de Médecine.)

20°. *Notice sur la caféine*. — La découverte d'un

principe cristallin particulier dans le café étant faite en même temps par M. Robiquet et par moi, j'ai consigné mes résultats dans le Dictionnaire de Médecine, et M. Robiquet, dans celui de Technologie.

21°. *Examen chimique de plusieurs végétaux présentés comme succédanés du quinquina.* — Il était si important de rechercher la quinine dans les végétaux indigènes, que nous avons cru devoir nous occuper de l'analyse de plusieurs végétaux présentés comme succédanés du quinquina. Ces diverses analyses, qui ne nous ont rien offert d'intéressant, nous ont pris beaucoup de temps ; elles sont insérées dans divers numéros du Journal de Pharmacie.

(*Annales de Chimie,* TOM. XXIV.)

22°. *Recherches sur la composition élémentaire, et sur quelques propriétés caractéristiques des bases salifiables organiques,* par MM. Pelletier et Dumas. (Lu à l'Académie des Sciences.) — **Ce** travail, auquel nous avons consacré plusieurs mois, offre l'analyse élémentaire de toutes les bases organiques connues. De ces analyses nous avons déduit le nombre des atomes élémentaires qui les constituent, et leur capacité de saturation.

Plusieurs propriétés des alcalis végétaux, non encore connues, sont rapportées dans ce mémoire.

(*Annales de Chimie,* TOM. XXVI.)

23°. *Analyse des upas,* par MM. Pelletier et Caventou. — On sait que les upas sont les poisons les plus violens du règne végétal ; à cet égard ils méritaient d'être examinés chimiquement. En procédant à leur analyse, nous avons constaté que l'upas tieuté devait ses propriétés vénéneuses à la strychnine, déjà par nous découverte; et l'upas anthiar à un alcaloïde soluble, dont nous avions trop peu pour constater les propriétés chimiques.

24°. *Analyse du suc de mancenilier.* — Ce travail n'est pas terminé; mais déjà j'ai présenté à la Société Philomatique un acide nouveau, blanc, insoluble, que cette substance a offert. Je continuerai ces recherches, malgré le danger qu'elles présentent, ainsi que l'examen de plusieurs autres poisons que j'ai entrepris.

25°. *Analyse du quina bicolor.* — Ce quinquina prétendu, dont on prônait les propriétés qui ne se sont pas confirmées, ne m'a offert à l'analyse ni quinine ni cinchonine. **M.** Vauquelin s'en occupa aussi de son côté; nos résultats se sont trouvés identiques.

(*Journal de Pharmacie, novembre* 1829.)

26°. *Notice sur une nouvelle base salifiable organique.* — Dans l'examen que, conjointement avec **M. Co**riol, contre-maître de ma fabrique de produits chimiques, j'ai eu l'occasion de faire d'une écorce venant du Pérou, et substituée au quinquina jaune par esprit de fraude, j'ai découvert une nouvelle base salifiable organique cristallisable et douée de propriétés chimiques singulières et très-caractéristiques.

RÉSUMÉ.

Il résulte du précédent exposé, que j'ai lu à l'Académie des Sciences neuf mémoires dont sept ont été jugés dignes de l'impression dans le Recueil des mémoires des savans étrangers; que j'ai découvert ou participé à la découverte d'un assez grand nombre de principes immédiats organiques dont la plupart ont reçu une application médicale (Voyez le Formulaire des nouveaux médicamens, par M. Magendie de l'Académie des Sciences); que ces principes immédiats ont été reconnus par tous les chimistes et particulièrement cités par M. le baron Thénard, dans son *Traité de Chimie;* que parmi ces substances on peut citer 5 alcaloïdes : l'émétine, la strychnine, la brucine, la vératrine, la quinine; 3 acides : les acides cévadique, iatrophique et celui du mancenilier, et deux matières *neutres,* l'olivile et la carmine : je passe sous silence d'autres matières qui ne sont pas aussi généralement admises comme principes immédiats par les chimistes.

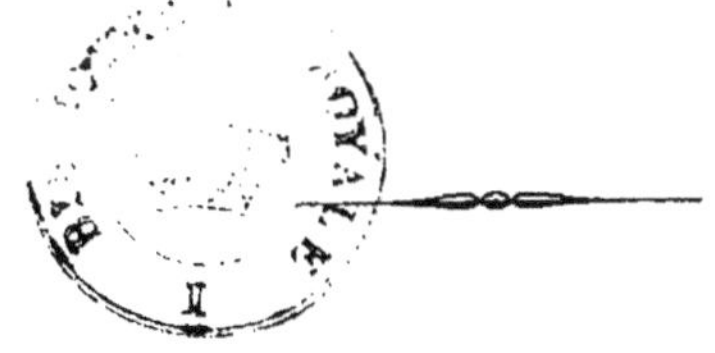

PARIS. — IMPRIMERIE ET FONDERIE DE FAIN, RUE RACINE, N⁰. 4, PLACE DE L'ODÉON.